JOCHEN DONNER
DANIEL SIMON

TREKKING BIKE

REPARATUREN UNTERWEGS

DELIUS KLASING VERLAG

RAHMEN, GABEL, COCKPIT UND SATTEL

ANBAUTEILE

ZUBEHÖR, MENSCH UND WETTER

Nie mehr auf der Strecke bleiben! Diesen Wunsch kennt wohl jeder Radler, dem eine Panne unterwegs schon einmal die Weiterfahrt vermiest hat - der Pannenteufel steckt überall! Wer stets mit einem gut gepflegten und sorgfältig gewarteten Rad auf Tour geht, kann sein Pannenrisiko jedoch schon vorab deutlich minimieren: Saubere und frisch geschmierte Fahrradtechnik, rechtzeitig getauschte Verschleißteile und die kritische Durchsicht von Antrieb, Brems- und Lichtanlage sowie nachzentrierte Laufräder vor jeder größeren Fahrt sollten selbstverständlich sein.

Dennoch geschieht es immer wieder dann, wenn man es am wenigsten gebrauchen kann: Plötzlich versagt die Technik, das Rad steht still.

Für die häufigsten Pannen am Trekking- und Tourenrad haben wir schnelle, zielführende Reparaturmöglichkeiten aus der Praxis erarbeitet. Auch mit den beschränkten Bordmitteln, die der Radler unterwegs hat, kann man sich meist so weit selbst helfen, dass man zumindest bis zum nächsten Ort, dem nächsten Bike-Shop, zum Auto oder Bahnhof zurück fahren kann. Viele sind reine Notreparaturen, die einen Defekt nicht endgültig beheben. Denn dafür benötigt man bessere Montagebedingungen, ausreichend Werkzeug und Ersatzteile. Einige unserer Reparatur-Vorschläge, wie das Schienen eines gebrochenen Lenkers, sind sogar grenzwertig. Sie sind gedacht als äußerste Notmaßnahme, die eine Weiterfahrt nur unter allergrößter

Alles ist besser als schieben!

Vorsicht und Behutsamkeit - und auf eigene Gefahr - ermöglicht. Die Idee dahinter lautet: Alles ist besser, als ab hier schieben zu müssen. Außergewöhnliche Umstände erfordern eben ungewöhnliche Lösungen.

Alle Reparaturschritte haben wir der besseren Klarheit zuliebe im Fotostudio nachgestellt. In Bild und Text zeigen wir stellvertretend, worauf es im jeweiligen Fall ankommt, damit man sein Rad wieder ins Rollen bringt. Ein wenig handwerkliches Geschick und ein grundsätzliches Verständnis dafür, wie Fahrradtechnik funktioniert, sollte der Leser mitbringen. Über die richtige Ausstattung Ihrer Reise-Werkstatt mit dem optimalen Werkzeug und hilfreichen Ersatzteilen finden Sie hier ebenso fundierte Informationen wie darüber, was Sie bei plötzlichem Wetterumschwung, Schmerzen auf dem Rad oder Schäden an Ihrer Touren-Ausrüstung tun können.

Wir wünschen Ihnen: Kommen Sie mithilfe dieses kompakten Ratgebers bei Ihren Touren immer gut ans Ziel.

Jochen Donner

Daniel Simon

Die Autoren haben zusammen bereits mehrere Fahrradreparatur-Bücher veröffentlicht und arbeiten langjährig als Fachjournalisten für Fahrrad-Magazine wie TREKKINGBIKE, BIKE und TOUR. Dass sie auch ihre Freizeit meist auf zwei Rädern verbringen, ist keine Überraschung.

Auf Tagestour nur das Nötigste

Auf jeder Ausfahrt, sei sie noch so kurz, sollte man die folgenden Dinge dabei haben. Wichtig: Stimmen Sie ein Minitool unbedingt auf Ihr verwendetes Fahrrad ab! Wer eine verschraubte Radachse hat, kann ohne 15-mm-Maulschlüssel sein Laufrad zum Schlauchwechsel nicht ausbauen. Auch Torx-Schrauben finden sich zwar an einigen Rädern, aber längst nicht an jedem Tool.

- Multitool mit Kettennieter
- Schlauch mit passendem Ventil
- Flickzeug
- 2 Reifenheber aus Kunststoff
- Minipumpe
- Kettenschloss
- Maulschlüssel (für Vollachse)
- Lappen

Sparen Sie beim Tool weder an Preis noch Gewicht: Es lohnt sich, auf Werkzeugqualität und -vielfalt zu achten. Mit dem Topeak Alien 3 kann man dank zweier einzelner Hälften z. B. schrauben und gleichzeitig gegenhalten.

Zusätzliche Ausrüstung für Mehrtagestouren

Auf längere Strecken, auch abseits der Zivilisation, sollten Sie sich entsprechend aufwendiger vorbereiten. Auf jeden Fall muss das Rad vorher perfekt gewartet und gepflegt sein. So können Sie das Risiko einer Panne am wirkungsvollsten minimieren.

- Multifunktions-Tool (mit Zange)
- Speichenschlüssel
- Reparaturspeiche
- Kettenöl
- Kabelbinder (mehrere Größen)
- Sicherheitsnadeln
- Gewebe-Klebeband
- PVC-Klebeband
- Dämpferpumpe (bei Luftfedergabel)
- Einmalhandschuhe
- Tip-Top Handreinigungspaste
- Lüsterklemme
- Erste-Hilfe-Set

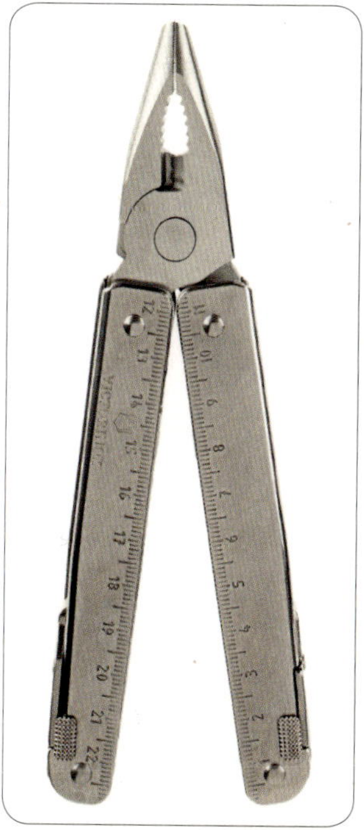

Zusätzlich auf großer Reise

- Ersatzspeichen mit Nippeln
- Ersatzreifen
- 1 Satz Bremsbeläge
- Schaltzug
- Bremszug (mechanische Bremsen)
- Nähnadel mit Zwirn
- bei Kettenschaltung:
  passendes Wechsel-Schaltauge
  (beim Bike-Hersteller ordern)

Clevere Teile

Jede Panne unterwegs nervt. Vieles lässt sich schnell beheben, sodass die Fahrt weitergehen kann. Manche Defekte sind jedoch ärgerlicherweise nur mit größerem Aufwand, Werkzeug und Geschick reparabel - und mit den richtigen Teilen! Wer diese cleveren Ersatzteile für die häufigsten Defekte am Tourenrad dabei hat, spart sich im Schadensfall viel Zeit und Aufwand.

Ketten-Nietstifte zur Reparatur

Sie gibt es für Shimanos 8- und 9-fach-Ketten (links), 10- (Mitte) und 11-fach-Ketten (rechts). Der untere Teil ist der Nietstift, der obere jeweils der Einführstift. Der wird nach Einbau abgebrochen.

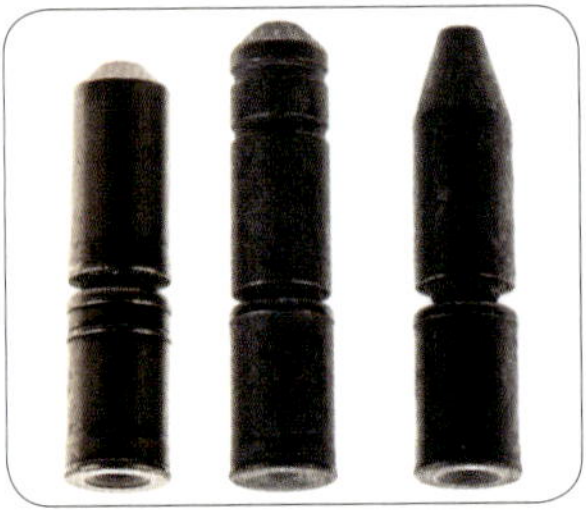

Kettenschloss

Alle Ketten lassen sich - einfacher und zuverlässig - auch mit einem Kettenschloss verschließen. Je nach Breite gibt es Schlösser für 8-, 9-, 10- und 11-fach-Ketten. Ein passendes Kettenschloss sollte man immer im Werkzeugtäschchen dabei haben.

Reparaturspeiche

Speichen brechen oft am Hinterrad auf der Ritzelseite. Dort kann man Ersatzspeichen nur nach Demontage des Freilaufs einsetzen. Unterwegs hilft eine Reparaturspeiche wie die variable FiberFix-Speiche weiter.
www.fiberfix.de

Minipumpe mit Manometer

Diese universelle Minipumpe arbeitet mit einem verstellbaren Teleskophebel und einem ergonomischen T-Hebel für schnelles Füllvolumen und hohen Druck. Ihr Pumpenkopf passt für alle Ventilarten.

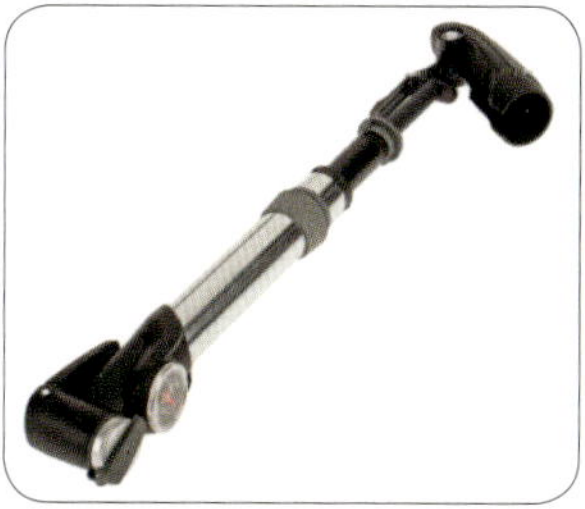

Gaadi-Schlauch

Der 2-Enden-Schlauch von Gaadi macht einen Schlauchwechsel ohne Laufrad-Ausbau möglich. Er ist mit zwei aufvulkanisierten Endkappen in unterschiedlichen Dimensionen erhältlich und funktioniert holperfrei und zuverlässig. **www.gaadi.de**

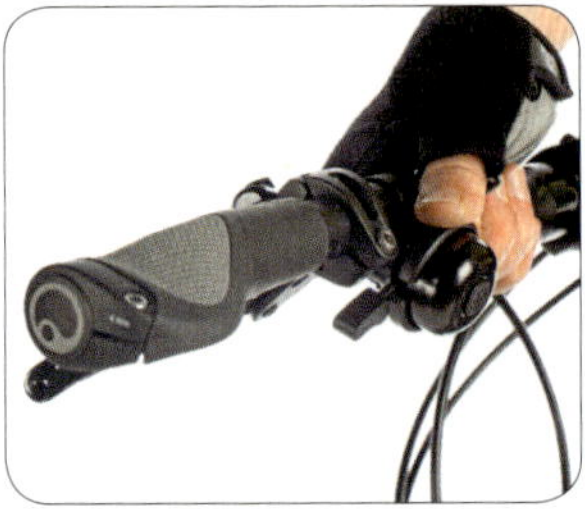

Rad auf den Kopf stellen

Für eine Reparatur unterwegs stellen Sie Ihr Rad am besten kopfüber auf Sattel und Lenker ab. Nutzen Sie einen ebenen, möglichst stabilen und sauberen Untergrund. Drehen Sie die Klingel beiseite und nehmen Sie GPS- oder ähnliche Geräte und Gepäck ab.

Lenker unterlegen

Radhandschuhe, ein T-Shirt, zur Not eine Plastiktüte oder Zeitung unter dem Lenker verhindern, dass Lenker, Hörnchen oder Griffe bei Bodenkontakt verschmutzen und verkratzen.

Hände schützen

Unsere Empfehlung: Packen Sie Einweghandschuhe aus dem Drogeriemarkt zum Tourenwerkzeug. Legen Sie die Handschuhe an, bevor Sie an Kette oder Ritzel arbeiten müssen.

So stellen Sie Ihr Rad auf den Kopf

Stellen Sie sich neben Ihr Fahrrad. Beugen Sie sich über das Oberrohr und greifen Sie von außen an der Mitte von Gabelholm und Sitzstreben zu.

Die Schwerkraft nutzen

Beim Anheben rotiert das Rad fast von alleine um seine Längsachse. So haben Sie das Gewicht nahe am Schwerpunkt sicher und rückenschonend im Griff. Auch das Zurückdrehen funktioniert so problemlos.

TRUVATIV
GXP

FIRE

Kette an der Kurbel abgefallen

Fällt die Kette beim Schalten vom Kettenblatt nach innen, hören Sie sofort auf zu treten. Sonst besteht Gefahr, dass sich die Kette verklemmt oder gar reißt. Ursache ist meist der verstellte Umwerfer-Anschlag innen.

Aufkurbeln

Stellen Sie das Rad auf den Hinterbauständer, kippen es etwas oder halten Sie das Hinterrad hoch, dass es frei drehen kann. Drücken Sie den linken Schalthebel durch. Kurbeln Sie dann von Hand gefühlvoll, bis die Kette wieder aufs Blatt klettert.

Von Hand auflegen

Stellen Sie das Rad auf den Kopf. Stellen Sie am Shifter den Gang nach. Greifen Sie die lose Kette an der Oberseite, wo sie Richtung Schaltwerk verläuft. Ziehen Sie sie dann ab und hieven Sie sie unter vorsichtigem Kurbeln auf ein größeres Kettenblatt.

Verklemmte Kette vorn

Bei Shimano-Kurbeln können Sie auf der gegenüberliegenden Seite des Kettenblatts mit einem 5-mm-Inbus die Kurbelklemmung öffnen. Drehen Sie diese beiden Schrauben immer abwechselnd einige Umdrehungen auf.

Sternschraube lösen

Mit mehreren Tools gleichzeitig lässt sich nun die Sternschraube, die nur handfest montiert wird, einige Umdrehungen öffnen. Jetzt kann man die linke Kurbel einige Millimeter auf der Tretlagerachse verschieben.

Kettenblatt-Kurbel verschieben

Drücken Sie nun die Tretlagerachse ein wenig zur Kettenblattseite durch. So gewinnen Sie Raum, die verklemmte Kette zu lösen. Befestigen Sie die Kurbel in umgekehrter Folge wieder sicher. Ziehen Sie deren Klemmschrauben immer abwechselnd fest!

Kette hinten abgefallen

Bei verstelltem Anschlag des Schaltwerks kann die Kette auch zwischen größtes Ritzel und Speichen fallen. Dann sofort aufhören zu treten! Falls noch möglich, die Kette von Hand nach hinten aus der Klemme ziehen und leicht kurbelnd wieder auflegen.

Speichen pressen

Steckt die Kette fest, legen Sie das Rad auf die Seite. Ein Helfer umfasst mit beiden Händen die gegenüberliegenden Speichenkreuzungen an der Klemmstelle und drückt sie zusammen, währen Sie die Kette von Hand herausarbeiten.

Kette läuft auf

Es kann passieren, dass die Kette nach dem Schalten am inneren Blatt nur auf den Zahnspitzen aufliegt und durchrutscht. Justieren Sie dann die Zugspannung des Seilzugs am Schalthebel eine 1/4 Umdrehung nach.

Kettenglied blockiert

Rost in der Kette oder eine verbogene Lasche können einzelne Glieder verklemmen lassen. Beim Fahren springt die Kette, es lässt sich nicht mehr sauber schalten. Die blockierte Stelle finden Sie am besten durch Rückwärtskurbeln am Schaltröllchen.

Greifen Sie die Kette mit beiden Händen seitlich der Klemmstelle. Biegen Sie sie mit Gefühl horizontal hin und her, bis die Stelle wieder gängig ist. Auch ein Tropfen Öl hilft. Falls Sie eine Zange benutzen, klemmen Sie einen Lappen dazwischen, um die Kettenlaschen nicht zu beschädigen.

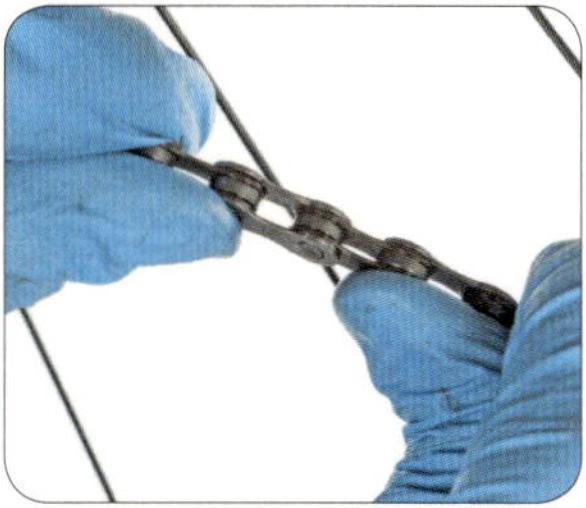

Abgebrochenes Schaltwerk
Bricht das Schaltwerk völlig ab, geschieht dies meist direkt am Wechselschaltauge: Es ist eine Sollbruchstelle, um Rahmenschäden zu vermeiden. Montieren Sie dann ein passendes Ersatz-Schaltauge. Das müssen Sie zuvor bei Ihrem Radhersteller ordern.

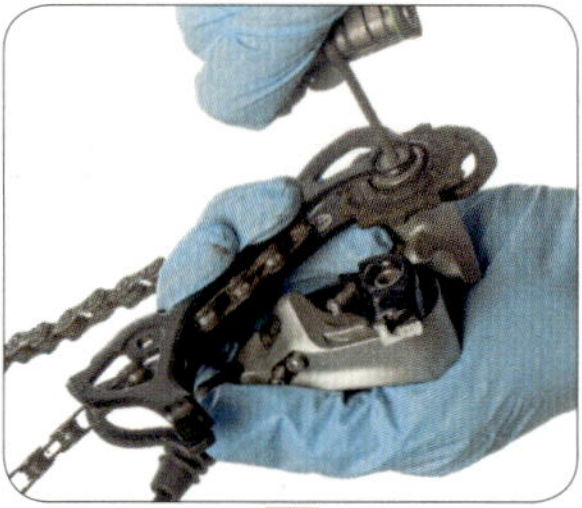

Im Ein-Gang-Betrieb weiterfahren
Fällt ein Schaltaugen-Ersatz flach, kommt nur der Notbetrieb infrage: Öffnen Sie die Kette, nehmen Sie das defekte Schaltwerk komplett heraus. Kürzen Sie die Kette und vernieten Sie sie nun so, dass sie, passend zur Strecken-Topografie, auf einer möglichst universellen Übersetzung liegt: Tendenziell jedoch immer eher etwas zu schwer als zu leicht übersetzt. Die Kette darf nicht schräg laufen. Achtung: Durch die fehlende Kettenspannung des Schaltwerks können Sie jetzt die Übersetzung nicht mehr verändern.

Schaltauge verbogen

Springt die Kette trotz sauberer Justage am Ritzel, ist meist das Alu-Schaltauge verbogen. Setzen Sie Ihr Tool mit dem 5 mm-Inbus in die Befestigungsschraube des Schaltwerks und richten Sie das Schaltwerk behutsam wieder senkrecht aus.

Schaltzug abgerissen

Ziehen Sie den Zugrest aus dem Schalthebel. Stecken Sie das Ende mit dem Nippel umgekehrt ins Schaltwerk, verschrauben Sie das lose Ende so in der Klemmschraube, dass die Kette auf einem passenden Ritzel liegt. Kappen Sie dann den Zug.

Das Ritzelpaket dreht leer

Dann sind die Sperrklinken am Freilauf gebrochen. Fädeln Sie mehrere Kabelbinder zwischen die Aussparungen des größten Ritzels und die Speichenkreuzungen. So können Sie - vorsichtig - weiterfahren. Achtung: Sie haben jetzt keinen Freilauf mehr!

Schaltseil lösen
Schalten Sie auf das mittlere Blatt vorn und das kleinste Ritzel hinten. Drehen Sie die Zugstellschraube am Schalthebel in die Mitte ihres Regelbereichs. Lösen Sie dann die Klemmschraube des Schaltzugs am Schaltwerk.

Inneren Anschlag justieren
Das Schaltwerk ist nun völlig entspannt. Die Schaltröllchen müssen jetzt exakt mittig unter dem kleinsten Ritzel stehen. Richten Sie diese Grundstellung durch behutsames Drehen der inneren Anschlag-Schraube (»H«) ein.

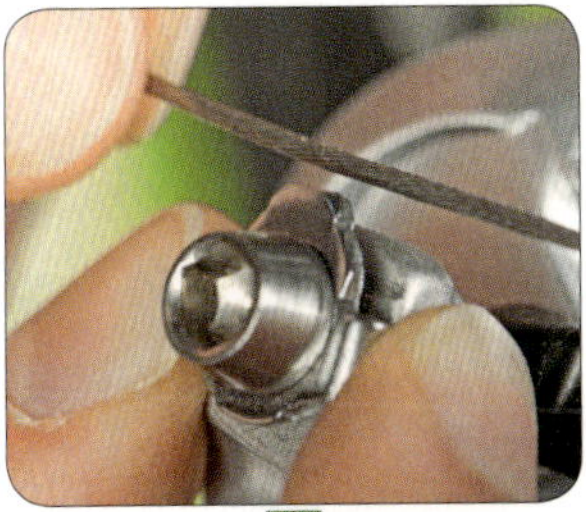

Schaltzug neu klemmen

Achten Sie darauf, dass alle Zughüllen am Rahmen richtig sitzen. Ziehen Sie den Schaltzug handfest straff und klemmen Sie den Zug neu. Achtung: Er muss an der Klemmstelle exakt in seiner Nut verlaufen.

Äußeren Anschlag einstellen

Schalten Sie dazu auf das größte Ritzel (bei mittlerem Blatt). Auch hier müssen nun die Schaltröllchen exakt unter dem Ritzel stehen, sonst fällt die Kette nach innen. Justieren Sie diese Stellung durch Drehen der »L«-Schraube.

Schalten Sie die Gänge einzeln durch. Achten Sie auf rasselfreie, knackige Gangwechsel. Regeln Sie zur Feinabstimmung an der Zugstellschraube des Schaltgriffs in Viertelumdrehungen bis zur Perfektion nach. Drehen im Uhrzeigersinn lockert den Zug, das Schaltwerk rückt leicht nach außen.

Die Grund-Stellung
Schalten Sie zuerst hinten auf das größte Ritzel, dann vorn auf das kleinste, innerste Kettenblatt. Jetzt ist der vordere Schaltzug vollkommen entspannt. Lösen Sie nun die Klemmschraube des Zugs. Der Umwerfer steht am inneren Anschlag an.

Schaltzug neu klemmen
Achten Sie darauf, dass die Zughülle des Umwerfer-Schaltzugs am Rahmen richtig sitzt. Ziehen Sie den Schaltzug handfest straff und klemmen Sie den Zug wieder fest. Achtung: Er muss in der Umlenkung exakt in seiner Führung verlaufen.

Anschlag innen einstellen
Justieren Sie den Umwerferkäfig durch behutsames Drehen der »L«-Schraube für den inneren Anschlag so, dass die Kette gerade nicht das innere Leitblech des Käfigs berührt.

Äußeren Anschlag einstellen

Schalten Sie dazu auf das größte Kettenblatt (bei kleinstem Ritzel hinten). Auch hier muss das äußere Leitblech des Käfigs die Kette gerade eben schleiffrei passieren lassen. Justieren Sie diese Stellung durch Drehen der »H«-Schraube.

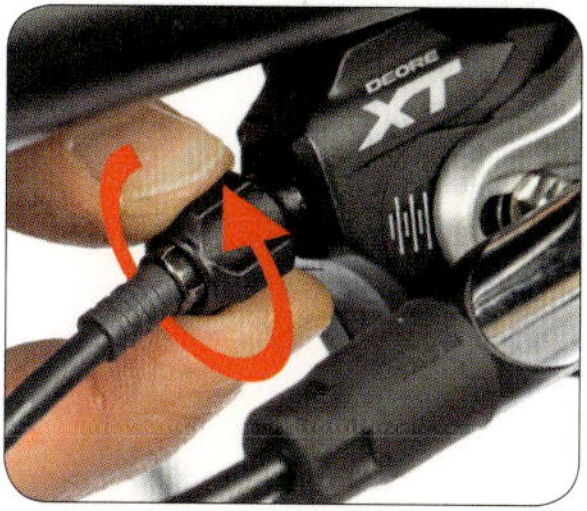

Schalten Sie alle Gänge einzeln durch. Achten Sie auf rasselfreie, exakte Schaltvorgänge. Regeln Sie zur Feinabstimmung an der Zugstellschraube des Schaltgriffs in Viertelumdrehungen bis zur Perfektion nach. Drehen gegen den Uhrzeigersinn strafft den Zug, der Umwerfer rückt nach außen.

Kette fällt ab

Springt die Kette beim Kurbeln vom Blatt, hat sie zu wenig Spannung. Stellen Sie das Rad auf den Kopf, heben Sie die Kette an und legen Sie sie auf einige Zähne des Kettenblatts. Kurbeln Sie von Hand weiter, bis sie wieder aufs Blatt gelaufen ist. Korrigieren Sie dann die Kettenspannung. Die waagerechte Kette soll sich, zwischen Kurbel und Hinterrad, etwa einen Zentimeter eindrücken lassen.

Exzenter-Tretlager spannen

Lösen Sie die äußeren Klemmschrauben ein wenig, bis sich der Exzenter samt Tretlager bewegen lässt. Mit einem Inbus als Hebel drehen Sie den Exzenter, um die Kettenspannung zu erhöhen. Achtung: Er darf sich dabei nicht horizontal verschieben.

Achse verschieben

Bei Slider-Ausfallern öffnen Sie beidseitig die Rahmenklemmschrauben so weit, dass sich das Laufrad mitsamt Achsstücken nach hinten schieben oder gegen das Schutzblech ziehen lässt. Ziehen Sie alle Klemmschrauben reihum abwechselnd fest.

Schräge Ausfaller

Sitzt die Hinterachse in schrägen Schlitzen, öffnen Sie beide Achsschrauben (15 mm Maulschlüssel). Ziehen Sie das Rad nach hinten und richten Sie es sauber aus, damit es nicht verkantet. Ziehen Sie die kettenseitige Achsschraube zuerst fest.

Nabenschaltung justieren

Schalten Sie in den am Schalter markierten Referenzgang. Nun müssen die Markierungen an der Nabenachse parallel zueinander stehen. Perfekt wird die Schaltung erst durch gefühlvolles Nachjustieren der Zugstellschrauben am Schalter beim Fahren.

Defekte Shimano-Kettenglieder ausnieten – mit Nietstift

Setzen Sie den Nieter vor und hinter der Schadstelle an und drücken Sie je einen Nietstift nach innen vollständig aus der Kette. Sie müssen immer je eine Außen- und Innenlasche gemeinsam entfernen. Achtung: Eine Kettenschaltung funktioniert auch mit einigen Gliedern weniger, eine Nabenschaltung dagegen nicht.

Kettenrasseln als Indikator

Die Kette einer Kettenschaltung muss geräuschlos laufen. Rasselt sie, sollten Sie zunächst die Zuglänge an der Stellschraube des Schaltgriffs nachjustieren. Drehen Sie hier immer nur in Viertel Umdrehungen und horchen Sie, ob das Rasseln weg ist. Schaltwerk und Umwerfer werden von einer inneren Feder nach außen bzw. innen gezogen. Der Schaltzug stellt dazu das Gegengewicht her. Die Drehung gegen den Uhrzeigersinn spannt Zug und Hülle. Damit kompensieren Sie auch die allmähliche Zuglängung durch Alterung und Verschleiß.

Außen- und Innenlasche

Entfernen Sie defekte Kettenglieder so, dass die Kette mit je einer Innen- und einer Außenlasche endet. Schieben Sie diese beiden Enden ineinander.

Nietstift eindrücken

Führen Sie den passenden Nietstift mit der spitzen Seite zuerst von außen in die Bohrung. Setzen Sie den komplett geöffneten Nieter an und pressen Sie den Stift, ohne zu verkanten, an seinen Platz. Er rastet fühlbar in seiner Endposition ein.

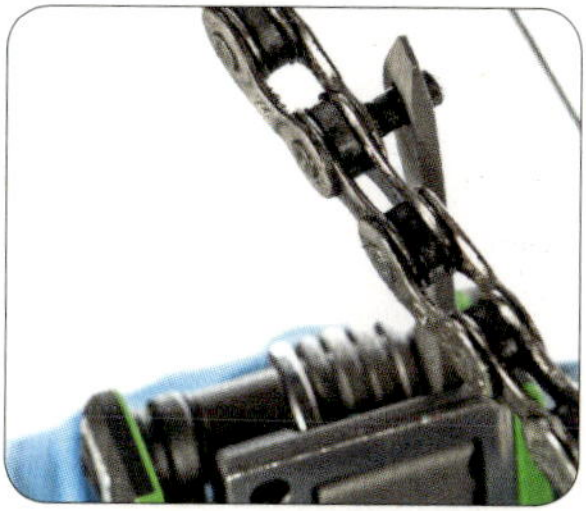

Nietstift abbrechen

Prüfen Sie, ob die Nietstelle frei beweglich ist und dass beide Außenlaschen völlig parallel zueinander stehen. Brechen Sie dann mit einer Zange oder dem Tool den überstehenden Nietstift an seiner Sollbruchstelle ab.

Problemlöser Kettenschloss
Es gibt passende Kettenschlösser für alle (unterschiedlich breiten) Ketten, außer 11-fach. Teilweise kann man diese Schlösser mehrfach verwenden. Angesichts des geringen Preises und der Gefahr einer Beschädigung des Rastmechanismus raten wir jedoch von einer Wiederverwendung ab. Sram 10-fach-Schlösser passen problemlos auch in Shimanos 10-fach-Ketten.

Defekte Stelle ausnieten
Wenn Sie Ihre Kette per Kettenschloss zusammenfügen, muss die Kette dafür mit zwei Innenlaschen enden. Das Schloss bildet die verbindende Außenlasche. Tipp: Die Drahtklammer des Alien-Tools hält die losen Kettenenden zusammen.

Schloss verriegeln

Ziehen Sie beide Kettenenden auseinander und kurbeln Sie die Fügestelle ins obere Kettentrum zwischen Kurbel und Hinterrad. Treten Sie bei gezogener Bremse einmal kräftig ins Pedal – das Schloss rastet sicher ein.

Schloss einsetzen

Halten Sie beide Enden nebeneinander und setzen Sie die Stifte jeder Schlosshälfte in die Innenlaschen. Fügen Sie dann die Gegenlaschen ineinander und achten Sie darauf, dass die Nuten beider Stifte sauber in der Passung sitzen.

Riemen springt ab

Fällt ein Antriebsriemen vom Kettenblatt, dann gilt: Nicht aufkurbeln wie eine Kette! Das würde ihn beschädigen. Ursache ist meist eine fehlerhafte Riemenlinie. Peilen Sie die Flucht von Ritzel zu Kettenblatt: Sie muss exakt in einer geraden Linie liegen. Stellen Sie Ihr Rad auf den Kopf und heben Sie das Hinterrad einige Zentimeter heraus. Legen Sie den abgelaufenen Riemen zuerst aufs hintere Ritzel, dann aufs vordere Kettenblatt. Achten Sie darauf, dass die eventuell vorhandene CDX-Mittelnut korrekt eingreift. Setzen Sie dann das Hinterrad unter Halten der Riemenspannung wieder ins Ausfallende ein und verschrauben Sie die Achse.

Schaltzug fixieren
Ist der Schaltzug gerissen, können Sie ihn unter einer erreichbaren Schraube an einem Rahmengewinde (Gepäckträger, Schutzblech, Flaschenhalter etc.) so fixieren, dass das Schaltwerk einen fahrbaren Gang einhält.

Lüsterklemme verwenden
Mit einer abisolierten Lüsterklemme lassen sich die Enden eines gerissenen Bowdenzugs flicken. Dazu die fehlende Zuglänge an der Schaltwerksklemmung nachgeben. Vorsicht: Hohe Zugkräfte (Bremszug) hält diese Reparatur nicht aus!

Anschlagschrauben nutzen
Reißt das Schaltseil ab, können Sie auch die »H«- und »L«-Schrauben an Schaltwerk oder Umwerfer nutzen, um die Kette auf immerhin einen passenden von drei möglichen Gängen fix einzustellen.

Lose Kurbel/Zentralschraube
Hat sich die Kurbel gelockert, ziehen Sie die zentrale Befestigungsschraube im Kurbelauge mit einem 8 mm-Inbus wieder fest. Achtung: Mit dem kurzen Hebel eines Minitools lässt sich das erforderliche Drehmoment nicht erreichen. Ziehen Sie die Schraube zuhause mit einem längeren Inbus nochmals nach.

Lose Kurbel/Shimano Hollowtech II
Lösen Sie zuerst in abwechselnden Einzelumdrehungen die zwei gegenüberliegenden Inbusschrauben der linken Kurbel.

Kurbel festziehen
Ziehen Sie mit mehreren Tools die Sternschraube handfest, die die Kurbel am Achsanschlag fixiert. Schließen Sie dann die Klemmschrauben.

Kettenblatt locker
Lockern sich die Halteschrauben, biegt sich das Blatt beim Treten, die Kette kann abfallen. Prüfen Sie alle Schrauben, ziehen Sie sie einzeln über Kreuz nach. Die Gewindehülsen halten Sie auf der Innenseite behelfsmäßig mit dem Finger gegen.

Zähne gestaucht
Sind Zähne des Kettenblatts durch Aufsetzer gestaucht, haken sie an der Kette. Biegen Sie eine defekte Zahnspitze mit einer Zange gerade oder brechen Sie sie notfalls ab. Nur dann läuft die Kette wieder sicher über das Kettenblatt.

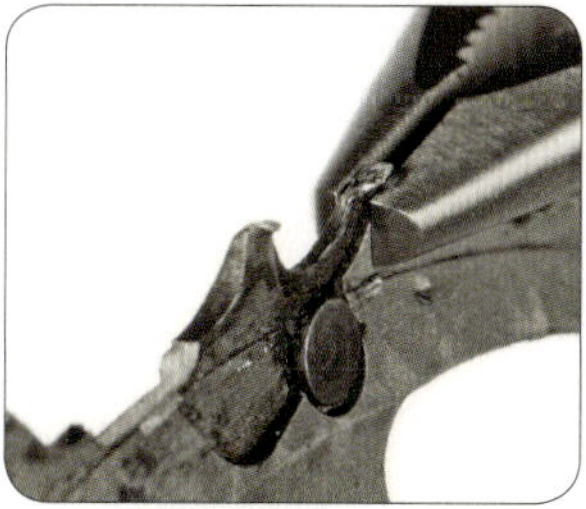

Pedalgewinde ausgedreht
Fahren mit lockeren Pedalgewinden ruiniert die Gewinde der Kurbel. Legen Sie ein, zwei Lagen eines dünnen Klebebands um das Pedalachsgewinde und drehen Sie es erneut in das beschädigte Gewinde.

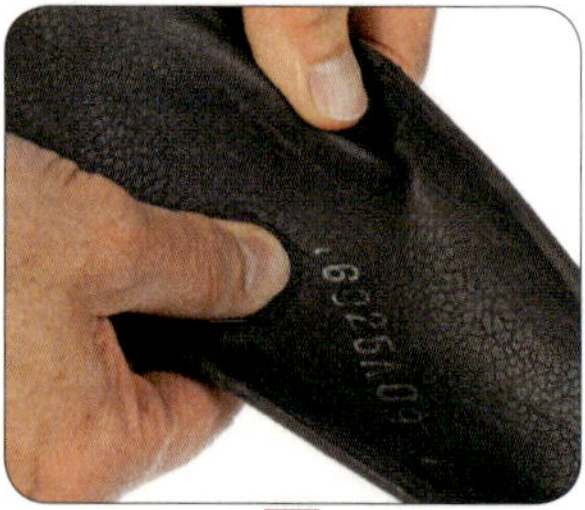

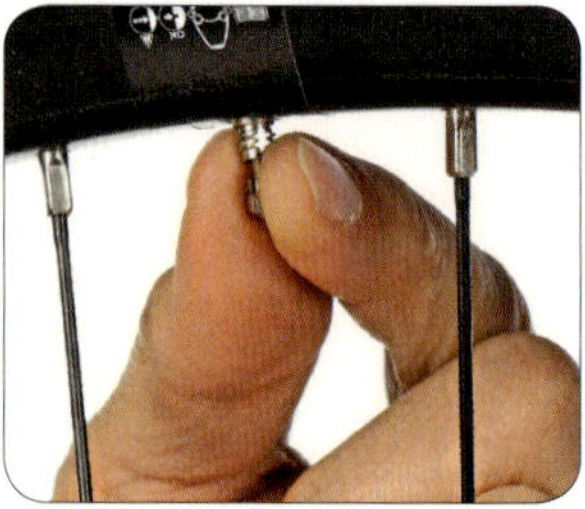

Schlauch wechseln

Bauen Sie das platte Laufrad aus. Hebeln Sie den Reifen einseitig übers Felgenhorn. Verwenden Sie Kunststoff-Heber, um die Felgenkante nicht zu beschädigen. Lösen Sie die Ventil-Rändelmutter und nehmen Sie den defekten Schlauch heraus. Prüfen Sie vorsichtig die Innenfläche des Reifens, ob der Verursacher noch im Reifen steckt. Legen Sie dann den Ersatzschlauch leicht angepumpt ins Felgenbett, beginnend am Ventil. Der Schlauch muss spannungslos und formschlüssig im geöffneten Reifen zu liegen kommen. Drücken Sie dann die Reifenflanke nach und nach wieder über das Felgenhorn. Nutzen Sie zum Schluss die Heber. Der Schlauch darf nicht eingeklemmt werden! Pumpen Sie wieder auf Betriebsdruck.

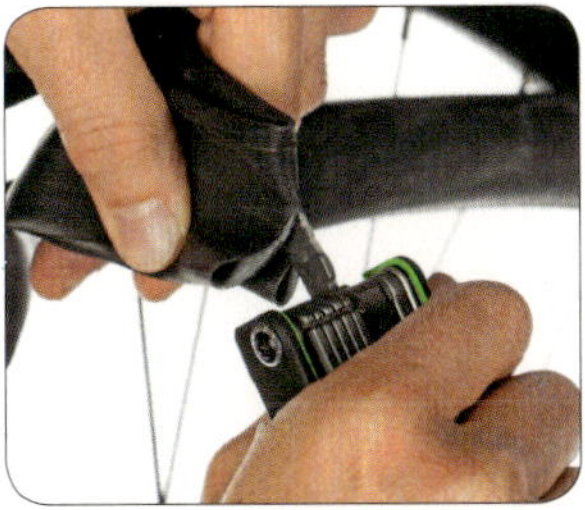

Der geniale Gaadi-Schlauch

Dieser spezielle Schlauch hat zwei Enden und kann deshalb ohne Laufradausbau in den Reifen eingelegt werden. Öffnen Sie den platten Reifen ebenfalls nur einseitig. Zerschneiden Sie den defekten Schlauch und nehmen Sie ihn heraus. Pumpen Sie den Gaadi-Schlauch etwas an, damit er Form annimmt. Platzieren Sie zuerst sein Ventil in der Felgenbohrung. Legen Sie dann den Schlauch beidseitig in den offenen Reifen. Stülpen Sie gegebenenfalls ein Ende mit dem Zeigefinger etwas ein. Legen Sie beide Schlauchenden bündig aneinander und schließen Sie den Reifen. Dann können Sie auch den Gaadi-Schlauch wie gewohnt auf Betriebsdruck pumpen.

Loch finden
Zum Flicken müssen Sie die undichte Stelle genau lokalisieren. Pumpen Sie den Schlauch an und drehen Sie ihn an der Wange vorbei. Am Loch kann man den Lufthauch fühlen oder hören. Benetzen mit Wasser aus der Trinkflasche hilft auch.

Vulkanisierkleber auftragen
Rauen Sie die Fläche ums Loch mit dem Schleifpapier im Flick-Set auf, mindestens in der Größe des Flickens. Streichen Sie Vulkanisierflüssigkeit auf die aufgeraute Stelle und lassen Sie den Kleber mindestens 5 Minuten antrocknen.

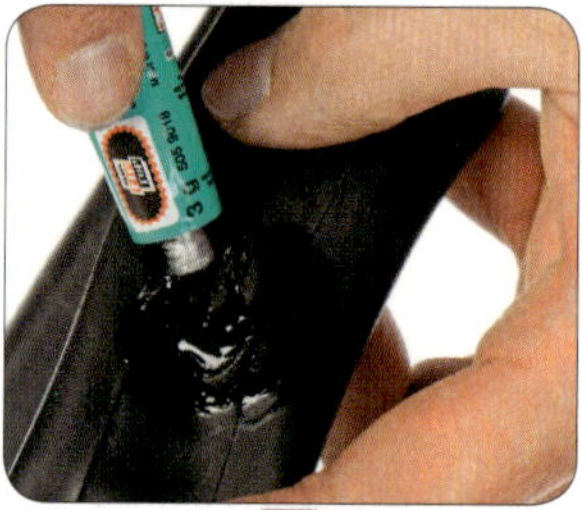

Flicken aufbringen
Ziehen Sie die Alufolie von einem passenden Flicken und legen Sie ihn mittig über das Loch. Pressen Sie ihn ringsum gut fest. Legen Sie dazu die Flickstelle auf einen glatten Untergrund wie das Rahmenrohr und benutzen Sie den Reifenheber.

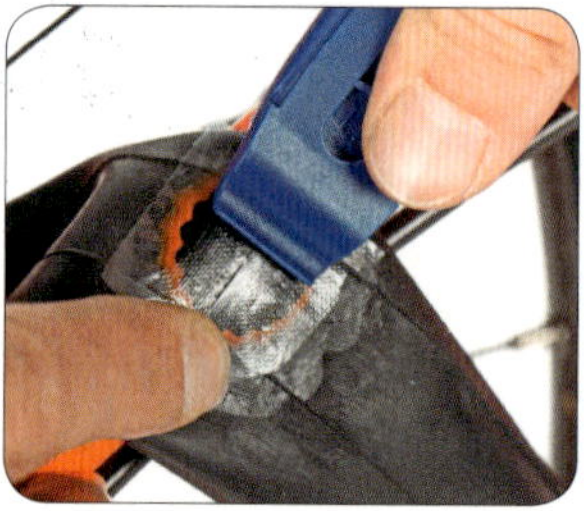

Schlauch verknoten
Stehen weder Flickzeug noch Ersatzschlauch bereit, können Sie den Schlauch am Loch schneiden und beide Enden verknoten.

Schlauch abbinden
Auch mit Kabelbindern kann man einen lecken Schlauch notfalls wieder fahrbar machen. Falten Sie die geschnittenen Enden vorher mehrfach.

Reifenriss nähen
Einen Riss im Reifen kann man mit Zwirn und Nadel vernähen. So kann der Schlauch nicht mehr herausquellen.

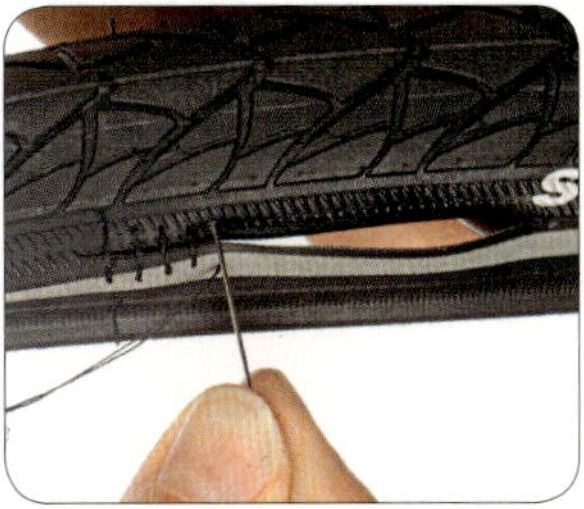

Reifenriss unterlegen
Mit zähem Material wie Riegelpapier, einem Stück Plastik-Trinkflasche oder einem Geldschein können Sie den Reifenriss notfalls unterlegen.

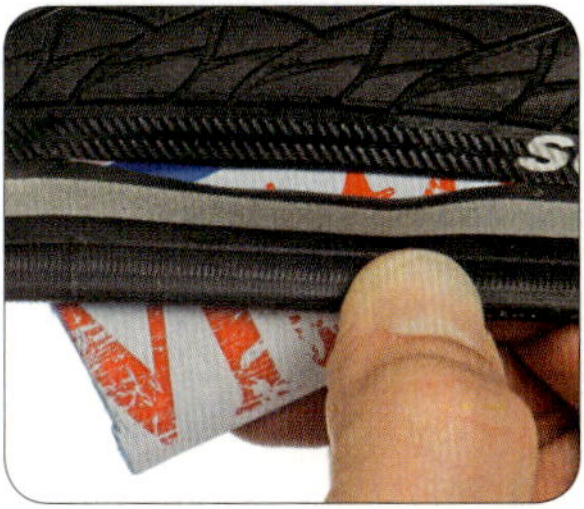

Achse korrekt einbauen
Schleift ein Laufrad, prüfen Sie zunächst dessen Achse auf festen Sitz, korrekte Platzierung und unbeschädigte Ausfallenden. Öffnen Sie die Rad-Achse und richten Sie das Laufrad aus. Schließen Sie die Achse korrekt. Oft rotiert das Rad dann perfekt.

Schnellspanner richtig schließen
Ein Schnellspannhebel muss ab dem letzten Drittel seines Hebelwegs so viel Kraft aufnehmen, dass er nur mit hoher Handkraft bis zum inneren Anschlag an Rahmen oder Gabel gedrückt werden kann. Schließen Sie den Hebel immer bis Ende des Wegs.

Schlag in der Felge/V-Brake
Schleift die verzogene Felge an der Felgenbremse, lockern Sie den Bremszug an der Klemmschraube genau so weit, dass die Berührung pro Umdrehung das Laufrad nicht mehr wesentlich bremst. So können Sie vorsichtig weiterfahren.

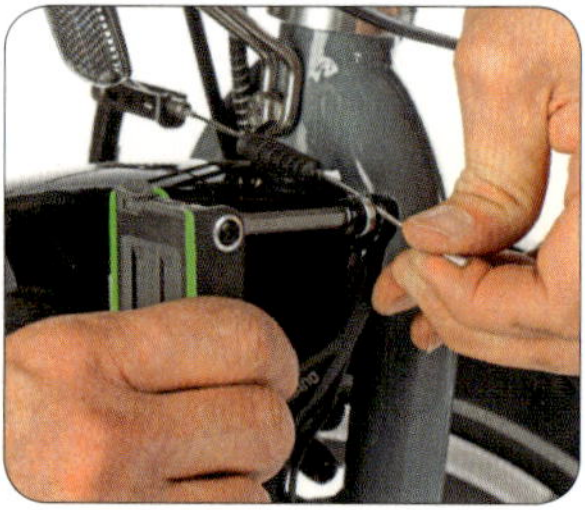

Felgenschlag auszentrieren
Einen Felgenschlag lokalisieren Sie genau, indem Sie einen Kabelbinder am Rahmen fixieren und das Rad langsam vorbeidrehen.

Zentrieren
Beult die Felge zu einer Seite aus, müssen Sie die Spannung derjenigen Speichen in diesem Bereich erhöhen, die zur gegenüberliegenden Nabenseite ziehen. Erhöhen Sie deren Spannung in mehreren Durchgängen durch halbe Umdrehungen im Zentrum des Schlags und entsprechend geringer, wo er ausläuft.
Lassen Sie die Speichenspannung auf der Schlag-Seite unberührt. Man erhöht die Spannung im Rad nur. Aus statischen Gründen lockert man Speichen niemals.

Defekte Speiche entfernen

Ist eine Speiche gebrochen, geschieht das meist an ihrem Kopf oder am Gewinde. Fädeln Sie eine lose Speiche sofort aus dem Nabenflansch, damit sie die Drehung des Rades nicht behindert.

Speichenbruch fixieren

Bei einem Bruch auf der Ritzelseite des Hinterrads und bei manchen Systemlaufrad-Speichen kann man defekte Speichen nicht ohne Werkzeug entfernen. Wickeln Sie einen solchen losen Drahtstab um seine Nachbarn und fixieren Sie das lose Ende mit einem Kabelbinder oder Klebeband.

Nippel spannen
Setzen Sie das Werkeug sorgfältig und in vollem Umgriff des Nippelvierkants an. Achtung: Die Speichen sind abwechselnd auf beiden Seiten der Nabe verankert. Drehen Sie nur gegen den Uhrzeigersinn, um die Spannung einer Speiche zu erhöhen.

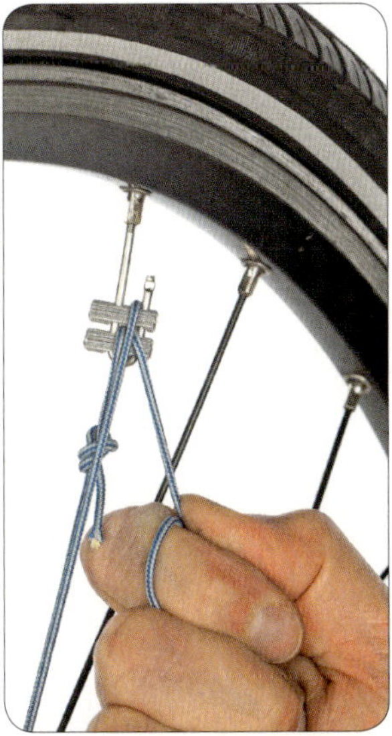

Reparaturspeiche
Eine universelle, variable Reparaturspeiche wie die FiberFix hilft im Notfall, die Statik eines Speichengeflechts zu stabilisieren. Ein Kevlarseil übernimmt hier den Zug einer gebrochenen Speiche unterschiedlichster Längen.

SX-2

V-Brake nachstellen

Bei schlechter Bremskraft einer V-Brake drehen Sie die Stellschraube am Bremsgriff einige Umdrehungen heraus. Gegen den Uhrzeiger spannt dies die Hülle mitsamt Zug. Richtwert: Der Bremshebel soll sich nur etwa zur Hälfte durchziehen lassen.

Bremsbeläge ausrichten

Für optimale Bremskraft richten Sie Felgenbrems-Beläge längs leicht V-förmig und in der Höhe genau mittig zur Felgenflanke aus. Halten Sie den Belag beim Festziehen gegen, damit er sich nicht mit der Halteschraube mitdreht.

Beläge V-förmig ausrichten

Klemmen Sie beim Ausrichten ein Cent-Stück unter das (in Fahrtrichtung) hintere Ende der Bremsbeläge. So legt sich der Belag bei Hebelzug quietschfrei zuerst vorn, dann erst mit ganzer Fläche an die Bremsflanke.

Abgefahrener Belag

Bei Schlechtwetter und langen Abfahrten verschleißen Bremsbeläge mitunter schlagartig. Ohne Ersatzbeläge können Sie bei völlig abgefahrenem Belag nichts machen. Steuern Sie mit der anderen Bremse vorsichtig den nächsten Bike-Shop an.

Trommelbremse nachstellen

Trommelbremsen verlieren stark an Bremskraft, wenn der Bremszug sich längt. Verkürzen Sie den Zug an seiner Stellschraube oder an der Klemmschraube, damit er wieder mehr Bremswirkung erzielt. Die Beläge sind unterwegs nicht austauschbar.

Rücktritt: Bremsmomentstütze

Rücktrittbremsen benötigen eine Abstützung am Rahmen. Bricht oder verliert man die Halteschraube der Schelle, ersetzen Sie die Schelle durch mehrere Kabelbinder. So können Sie vorsichtig weiterfahren.

Disc-Belag austauschen
Um Disc-Beläge zu tauschen, entfernen Sie zuerst die Belagsicherung. Oft ist die Sicherungsschraube nochmals mit einem Splint oder einer Feder gesichert. Manche Beläge werden nur durch Magnetkraft am Kolben gehalten.

Kolben zurückstellen
Lassen Sie die Altbeläge noch in der Bremszange und drücken Sie damit die Kolben in ihre Null-Stellung zurück. Benutzen Sie einen möglichst breiten, fettfreien Hebel als Werkzeug. Vorsicht: Die Kolben selbst sind stark bruchempfindlich!

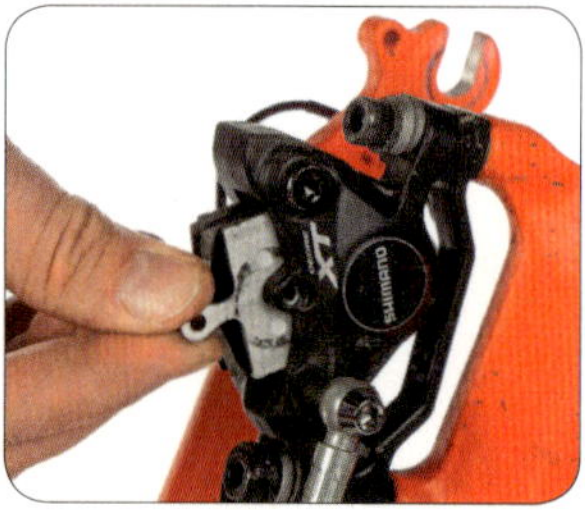

Beläge entnehmen
Ziehen Sie beide Altbeläge mitsamt Feder aus ihrer Passung in der Bremszange. Achtung: Bei manchen Herstellern müssen die Beläge zur Achse hin entnommen werden. Achten Sie bei asymmetrischen Belägen auf die Einbauposition!

Rückstellfeder einlegen

Das Beläge-Paar wird durch die Rückstellfeder in der Bremszange zentriert. Legen Sie diese Feder sorgfältig und lagerichtig zwischen die Beläge und bauen Sie alles zusammen in einem Paket ein.

Beläge einbauen

Bugsieren Sie die neuen, jetzt dickeren Beläge zwischen die zurückgestellten Kolben. Reicht der Platz noch nicht aus, drücken Sie die Kolben nochmals weiter auseinander. Achten Sie darauf, dass die Oberfläche der Bremsbeläge absolut fettfrei bleibt! Bringen Sie Sicherungsschraube oder Splint wieder an. Achten Sie auf korrekten Sitz und Beweglichkeit der neu eingelegten Beläge. Bauen Sie Ihr Laufrad wieder ein und ziehen Sie einige Male kräftig am Bremshebel. Prüfen Sie die Bremse vor der Weiterfahrt auf Funktion. Bremsen Sie die Beläge korrekt ein.

Bremszange ausrichten
Lockern Sie beide Halteschrauben, die die Bremszange oder ihren Adapter direkt am Rahmen fixieren, etwa eine halbe bis ganze Umdrehung. Die Bremszange soll sich gerade so frei von Hand bewegen lassen.

Lose Zange beweglich machen
Drücken Sie den gelockerten Bremssattel gegen die Bremsscheibe mit etwas Kraft hin und her, um die Beläge und Kolben ein wenig zurückzustellen. Damit schaffen Sie Platz, um den Sattel neu zu positionieren.

Richtig einbremsen
Beschleunigen Sie auf sicherer Strecke bis etwa 30 km/h. Bremsen Sie bis kurz vor dem Stillstand stark ab. Wiederholen Sie dies mindestens dreimal. Dann sind Belag und Disc aufeinander eingebremst.

Zange ausrichten und fixieren
Ziehen Sie nun mehrmals den Bremshebel ganz durch: Die Beläge legen sich an die Disc und richten damit auch den Sattel parallel zur Scheibe aus. Ziehen Sie die Halteschrauben handfest und prüfen Sie bei geöffneter Bremse und bei erneutem Ziehen des Hebels, ob die Bremse schleiffrei arbeitet.
Tut sie das noch nicht, peilen Sie durch die Beläge entlang der Disc. Richten Sie den Bremssattel nach Augenmaß bei nur sanft handfest gezogenen Halteschrauben von Hand genau parallel aus. Ziehen Sie dann beide Schrauben abwechselnd mit Kraft endgültig fest. Prüfen Sie nochmals Funktion und Schleiffreiheit.

Verglaster Belag
Bremst man neue Beläge nicht korrekt ein oder bremst schleifend, verglast die Belagoberfläche - die Bremswirkung sinkt dramatisch. Bauen Sie solche Beläge aus, rauen Sie sie mit dem Schleifpapier Ihres Flicksets oder auf Asphalt auf.

Fremdkörper im Belag

Steinchen können zwischen Belag und Scheibe geraten und sich dort tief in den Belag einfressen. Das erzeugt beim Bremsen laute Geräusche. Bauen Sie in diesem Fall die Beläge aus und kratzen Sie die Oberfläche sauber.

Disc verbogen

Lokalisieren Sie die verbogene Stelle an der Bremszange. Stellen Sie den Schlag genau vor die Beläge und blockieren Sie die Disc dort durch Ziehen der Bremse. Drücken Sie von Hand gegen den Schlag und biegen Sie die Disc so behutsam wieder gerade.

Hebelweite nachstellen

Lässt sich der Bremshebel bis zum Lenker durchziehen, ist das ein Indiz für abgefahrene Beläge! Sie nutzen die Bremskraft nicht optimal. Stellen Sie die Griffweite so ein, dass Sie den Hebelweg bis zu seinem Ende immer voll ausnutzen können.

Bremse greift nicht mehr

Auf sehr langen Abfahrten wird die Bremse heiß, die Bremsflüssigkeit kocht, es bilden sich Luftblasen in der Leitung. Das nennt man Fading: Der Effekt kann bis zum plötzlichen Totalausfall der Bremse führen, der Bremshebel lässt sich leer durchziehen. Das betrifft vor allem die stark belastete Vorderbremse. Stoppen Sie mit der hinteren Bremse. Dann heißt es: Abwarten und Tee trinken. Nach dem Abkühlen funktioniert die Bremse wieder wie zuvor. Achtung: Die heiße Bremse nie mit Wasser kühlen. Dabei könnte sich die Scheibe irreparabel verziehen.

Rahmenschäden am Fahrrad

Ein Rahmenbruch ist immer ein heikles Thema. Meist bedeutet ein Bruch oder Riss den sofortigen Stopp. Dies gilt auf alle Fälle immer dann, wenn sicherheitsrelevante, tragende Teile betroffen sind: An Gabel, Sattelstütze, Vorbau und meist auch Lenker bedeutet ein Bruch das Ende der Fahrt. Am Hauptrahmen oder im Hinterbau, wo sich die Kräfte auf mehrere Rohre verteilen, kann man unter Umständen schienen und damit eine - vorsichtige! - Weiterfahrt ermöglichen.

Nicht weiterfahren bei Bruch an

· Gabelholm, -krone, -schaft
· Vorbau
· Sattelstütze

Schienen eventuell möglich:

· Sitzrohr/Tretlager
· Kettenstrebe, Sitzstrebe

Bruchgefährdete Stellen:

· Rohre an der Schweißnaht
· Fügestellen, wo Kräfte aus verschiedenen Richtungen zusammenkommen: Gabel, Steuer-/Ober-/Unterrohr; Sitz-/Kettenstrebe in Disc-Nähe; Sitzrohr/Tretlager und Sattelstütze.

Schaden untersuchen

Suchen Sie nach einem Sturz Rahmen, Gabel, Cockpit, Sattel und Sattelstütze penibel auf Schäden ab. Stumpfe Dellen sind so lange kein Problem, wie sich nicht offene Risse oder Brüche zeigen. Alu ist spröde und kann ohne Vorwarnung brechen.

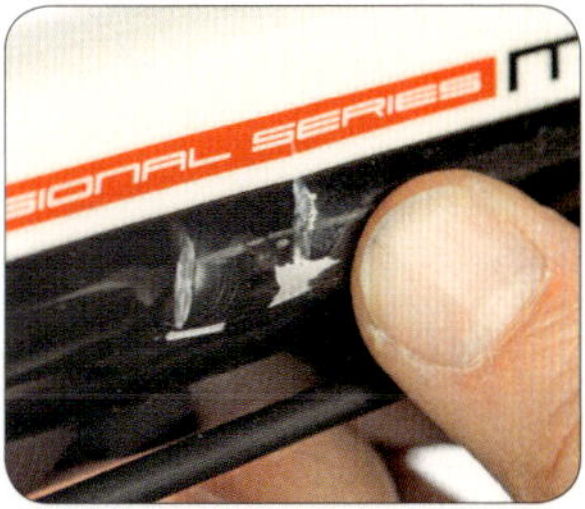

Riss schienen

Schneiden Sie aus einer Getränkedose einen Streifen Aluminium aus. Wickeln Sie dieses Stück so eng wie möglich mehrlagig über die Bruchstelle und fixieren Sie es mit Klebeband und Kabelbindern. Viel hilft viel in diesem Fall. Fahren Sie nur extrem vorsichtig damit weiter. Kontrollieren Sie diese Stelle und ihre Umgebung immer wieder, falls neue Risse an anderer Stelle auftreten.

Achtung!

Untersuchen Sie nach jedem Sturz oder Aufprall besonders Ihre Gabel und das Cockpit auf Risse oder Brüche. Sie können dann definitiv nicht weiterfahren! In diesem Fall besteht akute Lebensgefahr!

Luftlose Federgabel fixieren
Wickeln Sie einen Gepäckriemen oder Gürtel um Gabelkrone und Brücke. Dies verändert auch das Lenkverhalten. Doch die beiden Teile der Federgabel können sich so nicht mehr gegeneinander bewegen. Fahren Sie extrem vorsichtig!

Material Alu oder Stahl
Stahl ist elastischer, aber auch schwerer als Aluminium. Das leichte Material ist jedoch aufgrund wesentlich geringerer Elastizität stark bruchanfällig, wenn es in seiner Struktur verletzt wird. Ein Alu-Rohr mit Vorschaden kann bei erneuter Lastspitze nach einem Unfall ohne Vorwarnung plötzlich wegbrechen.
Bei einem Sturz oder Aufprall verhält sich eine Stahlgabel immer unkritischer als eine Gabel aus Alu: Die Stahlgabel verbiegt sich leichter, doch sie bleibt auch länger stabil als ihr Pendant aus Alu. Dasselbe gilt auch für Rahmen oder Gepäckträger. Achten Sie bei Alu-Komponenten besonders penibel auf Rissbildung!

Lenker nach Sturz verdreht

Beim Aufprall nach einem Sturz verdreht oftmals der Vorbau mitsamt Lenker auf dem Gabelschaft. Checken Sie zunächst alle Teile auf ihre Unversehrtheit. Öffnen Sie die beiden Klemmschrauben am Vorbauschaft einige Umdrehungen. Richten Sie den Lenker wieder korrekt aus. Ziehen Sie dann beide Schrauben abwechselnd und mit Gefühl wieder fest.

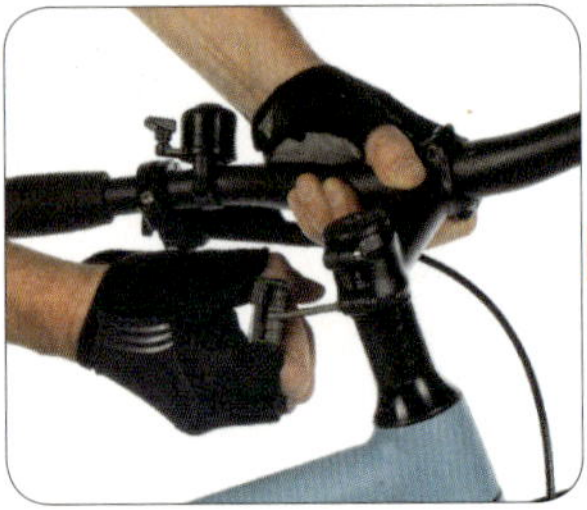

Dann: Verdreh-Check

Klemmen Sie das Vorderrad zwischen die Knie und drehen Sie den Lenker mit Kraft dagegen. Sind die Klemmschrauben ausreichend festgezogen, darf sich der Lenker dabei nicht verdrehen lassen.

Notreparatur Lenkerbruch
Aluminium ist spröde: Bei oder nach einem Sturz kann der Lenker ohne Vorankündigung plötzlich brechen. Um vorsichtig wenigstens weiterzukommen, können Sie einen frischen Ast in die Bruchstelle rammen und die losen Enden zusammenfügen.

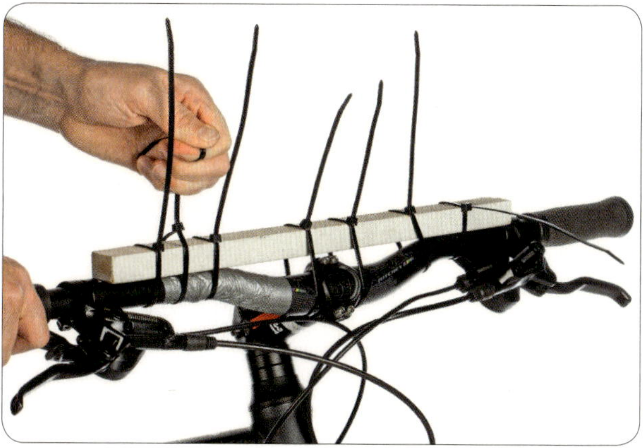

Bruch schienen
Sichern Sie die Bruchstelle mit Klebeband. Stabilisieren Sie den Lenker mit allem, was sich am Straßenrand finden lässt. Unter größter Vorsicht weiterfahren!

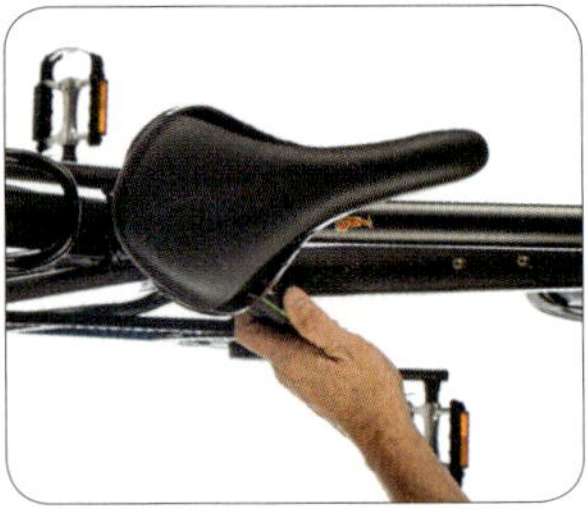

Sattel verdreht

Öffnen Sie die Schraube der Stützenklemmung einige Umdrehungen, bis Sie Sattel und Stütze gut drehen können. Richten Sie den Sattel exakt in Fahrtrichtung aus und schließen Sie die Klemmung wieder fest, aber stets mit Gefühl.

Klemmung prüfen

Versuchen Sie anschließend mit Kraft, den Sattel seitlich zu verdrehen. Die Klemmung muss so fest geschlossen sein, dass sich die Stütze nicht verdrehen lässt. Achtung: Nach fest kommt ab – reißt die Klemmschraube der Sattelstütze, gibt es unterwegs keine Möglichkeit, die Sattelstütze wieder zu fixieren. Sie können dann nur noch im Stehen fahren.

Achtung!

Bei Riss oder Bruch der Sattelstütze besteht Lebensgefahr. Auf gar keinen Fall im Sitzen weiterfahren!

Riss im Sattelgestell
Bricht das Sattelgestell, so meist an der Stelle mit den höchsten Lastspitzen: direkt nach der Klemmung. Unter Umständen können Sie die Bruchstelle nach vorn zwischen die Klemmbacken verschieben.

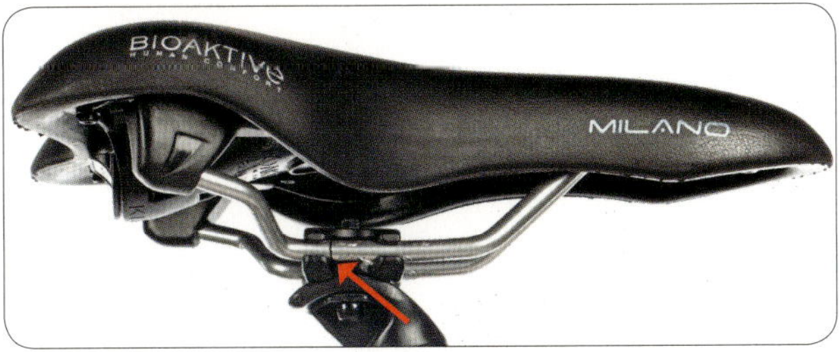

Sattelklemmung lose
Verrutscht der Sattel während der Fahrt, öffnen Sie seine Klemmung, richten den Sattel waagerecht aus und ziehen die Schrauben immer abwechselnd wieder fest. Achtung bei Ein-Schrauben-Klemmung: Diese Schraube besonders gut festziehen!

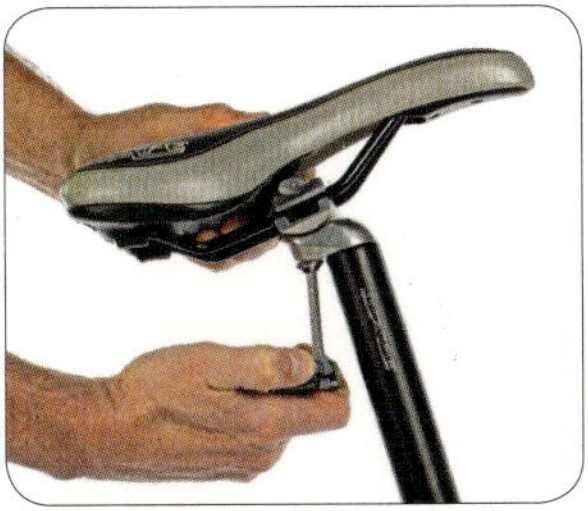

Bruch am Gepäckträger

Ein Strebenbruch kommt fast nur bei Aluträgern vor. Versuchen Sie, die Bruchstelle mit einem Stück Alu aus einer Getränkedose oder zähem Plastik einer Trinkflasche und/oder einer Ersatzspeiche straff zu schienen. Umwickeln Sie dies mit Klebeband und fixieren Sie alles mit mehreren Kabelbindern.

Gepäckträger fixieren

Die Haltschrauben der Trägerstrebe können unter Last abscheren. Befestigen Sie die Strebe mit zwei Kabelbindern, bis Sie eine passende Schraube auftreiben können. Packen Sie möglichst viel Last zur anderen Trägerseite um.

Schutzblech befestigen
Versagt die Schutzblechaufhängung oder ihre Streben, entfernen Sie alle losen Teile. Bohren Sie mit einem geeigneten Tool oder Messer ein Loch in den Kunststoff-Radschützer und fixieren Sie ihn mit Kabelbindern stabil am Rad.

Streben nachstellen
Schleift ein Radschützer, öffnen Sie die kleine Schraube, die ihn an seiner Strebe befestigt. Die dortige Halterung lässt sich meist noch die notwendigen Millimeter mehr in Richtung Strebenende verschieben und dort wieder fest verschrauben.

Blechstreben gerade biegen
Verbogene Streben verkürzen, das Schutzblech streift. Begradigen Sie die Streben so gut wie möglich, um sie so wieder auf maximale Länge zu bringen.

Kontakte prüfen

Checken Sie bei Lichtausfall zuerst alle Steckverbindungen. Das Kabel zum Rücklicht ist an den meisten Scheinwerfern mit Crimp-Steckern angeschlossen. Achten Sie auf korrekten und festen Sitz dieser Stecker.

Kabel verfolgen

Gehen Sie die Kabelverlegung am/im Rahmen genau durch: Gibt es Scheuerstellen, wo die Isolation offen liegt und so ein Kurzschluss entsteht? Isolieren Sie Scheuerstellen mit Klebeband. Fixieren Sie lose Kabelschlaufen, damit sie nicht abreißen.

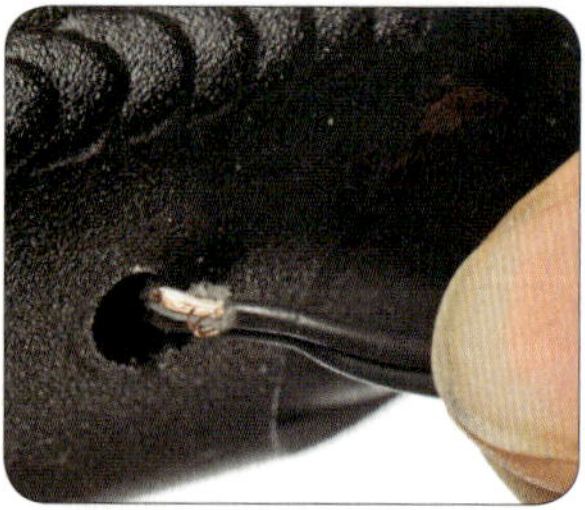

Kontakte säubern

Kratzen Sie elektrische Kontaktstellen mit einem geeigneten Werkzeug blank. Hilfreich ist auch hier das Schmirgelpapier aus dem Flickzeug. Offenliegende Kontaktflächen korrodieren leicht, sodass kein Strom fließen kann.

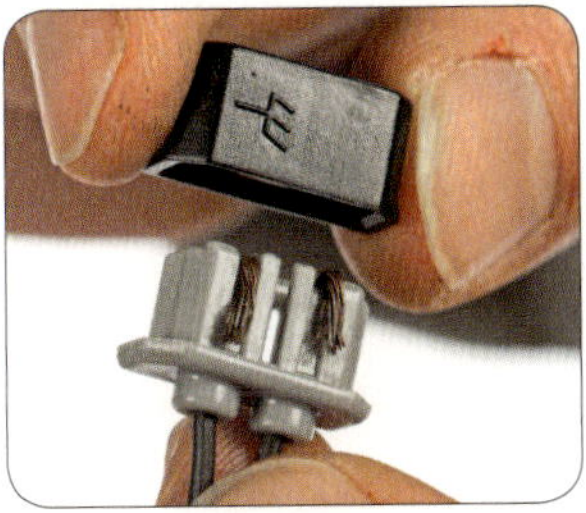

Stecker neu belegen
Öffnen Sie den Nabendynamo-Stecker und legen Sie die verdrillten Kabelenden sauber ein. Die blanken Enden müssen ausreichend lang sein und dürfen sich nicht berühren. Stecken Sie die Steckerhälften zusammen, bis sie einrasten.

Kabelriss verdrillen
Isolieren Sie ein gerissenens Kabel rund zwei Zentimeter weit ab. Verdrillen Sie die blanken Enden, drehen Sie beide zusammen. Beachten Sie dabei die passende Polung. Drücken Sie beide Kabelenden flach parallel zum Kabelverlauf.

Flickstelle isolieren
Umwickeln Sie zuerst eine blanke Verbindungsstelle, dann die zweite. Verkleben Sie anschließend beide Flickstellen zu einem Paket. So findet auch eine Zugentlastung statt und es kann keine neue Scheuerstelle entstehen.

gloom

Schnürsenkel gerissen

Ersetzen Sie den gerissenen Schnürsenkel mit einzelnen Kabelbindern. Ziehen Sie die Binder behutsam fest, denn Druckstellen am Fuß bemerkt man oft erst nach längerer Zeit.

Reißverschluss geplatzt

Platzt der geschlossene Reißverschluss in der Mitte auf, liegt das meist am verschlissenen Zipper. Er fügt die Schlingen nicht mehr stabil genug zusammen. Schließen Sie die offene Stelle durch gefühlvolles Zurückschieben des Zippers Richtung Stopper und öffnen Sie dann den RV ganz. Drücken Sie am Zipper beide inneren und äußeren Ecken seiner unteren Führung etwas zusammen. Nun übt er beim Bewegen mehr Druck auf die beiden Stränge des Reißverschlusses aus, die Schlingen verzahnen sich wieder fest.

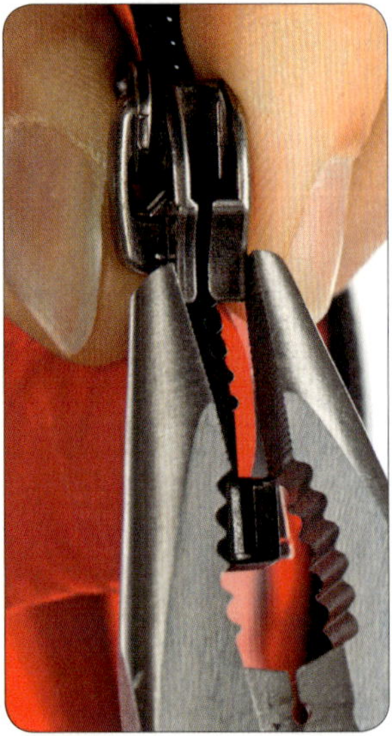

Brillenbügel gebrochen
Einen Bruch am Brillenbügel können Sie mit einigen Lagen flexiblen PVC-Klebebands reparieren.

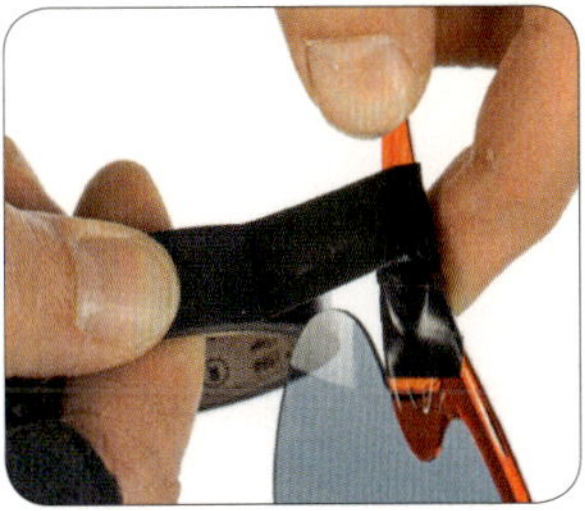

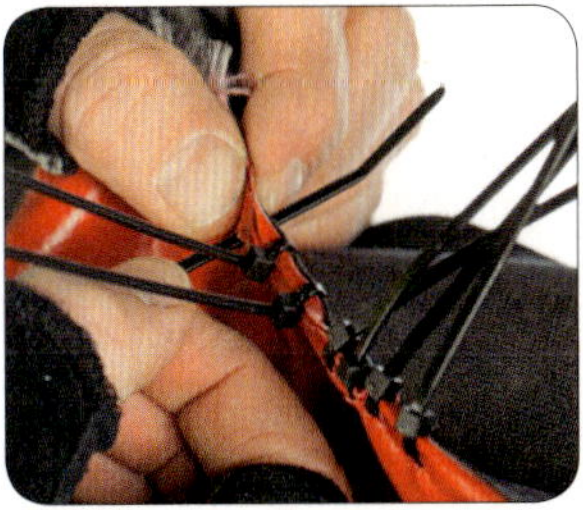

Packtasche gerissen
Auch einen größeren Riss in einer Gepäcktasche können Sie mit mehreren Kabelbindern wieder notdürftig verschließen. Setzen Sie die Löcher nicht zu eng, um einen Perforationseffekt zu vermeiden.

Rucksackschnalle defekt
Verstellschnallen an Rucksäcken brechen gern an ihrer schwächsten Stelle, dem Quersteg. Schieben Sie die defekte Schnalle zur Seite und ersetzen Sie die Verbindung durch ein oder zwei Kabelbinder.

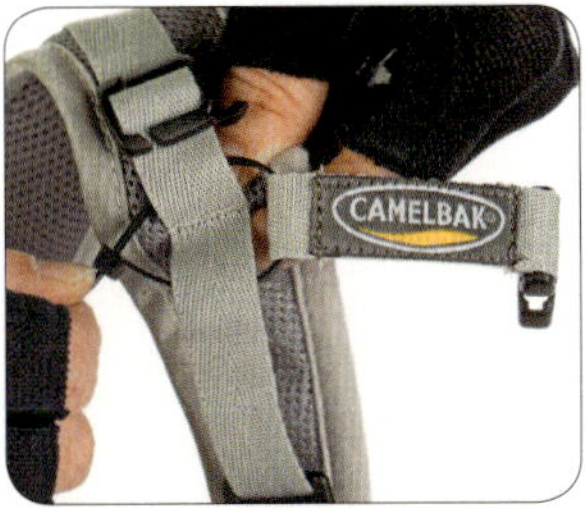

Schmerzen lindern
Schmerzen können eine Tour zur »Tortour« machen und die Weiterfahrt zur Qual oder gar unmöglich. Mit ein paar kleinen Verstellungen können Sie zumindest für die Heimfahrt wieder erträgliche Bedingungen herstellen.

Knieschmerz
Das Knie meutert, wenn ihm zu hohe Last aufgebürdet wird. Stellen Sie den Sattel einen Zentimeter höher und fahren Sie immer einen Gang leichter als üblich. Das streckt das Bein, erhöht die Trittfrequenz und verringert die Last pro Umdrehung.

Nacken-/Schulterschmerz
Diese Art Schmerz resultiert oft aus einer zu gestreckten Sitzposition. Stellen Sie hier die Sattelstütze einen Zentimeter tiefer, um eine insgesamt etwas aufrechtere Sitzhaltung zu erreichen.

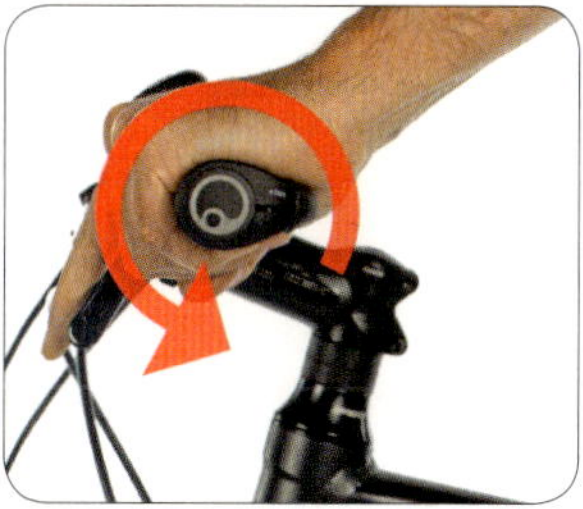

Griffposition variieren

Schmerzen in Hand, Handgelenken oder Unterarm lassen oft nach, wenn man die Ergogriffe wenige Millimeter axial verdreht. Ideal liegt die Hand in direkter, gerader Verlängerung des Unterarms, ohne Knick des Handgelenks.

Druckschmerzen beim Sitzen

Drückt der Sattel, hilft es oft, wenn man die Sattelnase eine Rasterstufe nach unten neigt. Achten Sie jedoch darauf, die Klemmschrauben gut festzuziehen: An Holperstellen entstehen oftmals Lastspitzen von mehr als dem Doppelten des Eigengewichts!

Gereiztes Sitzfleisch

Schmerzt der Po oder scheuert sonstwo die Haut wund, hilft jede Art von Creme oder Fett. Hand- oder Sonnencreme, Vaseline aus dem nächsten Supermarkt oder sogar das Hausmittel Ballistol entlastet, schützt die Haut und reduziert die Reibung.

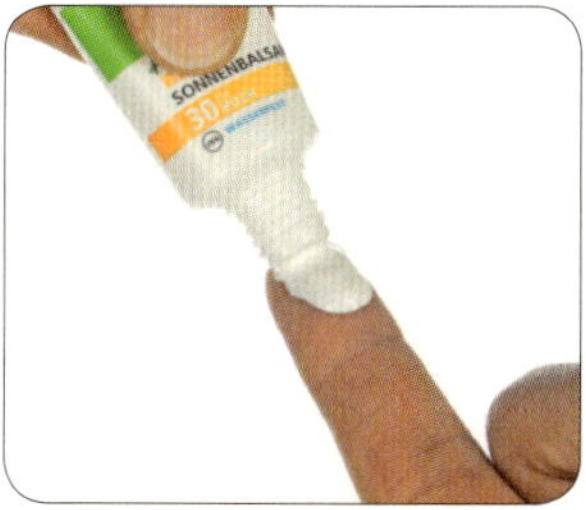

Müllsack als Regencape
Große Müllsäcke sind in jedem Supermarkt zu haben. Ein 120-Liter-Sack mit eingeschnittenen Löchern für Kopf und Arme hält bei überraschendem Regen wenigstens Rumpf und Sitzfleisch trocken. Sack raffen und gegen Flattern verkleben.

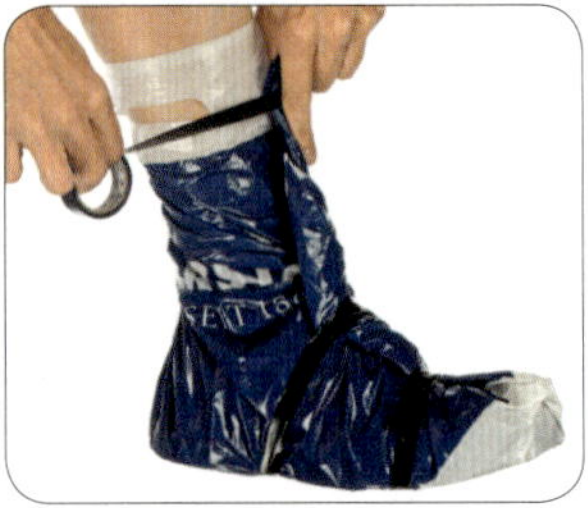

Schuhe dichten
Kommt heftiger Regen auf, kann man gewöhnliche Plastiktüten über die Radschuhe ziehen. Raffen und verkleben Sie die Tüten an der Wade und über dem Fuß von außen, damit es weniger flattert und kein Wasser von oben eindringt.

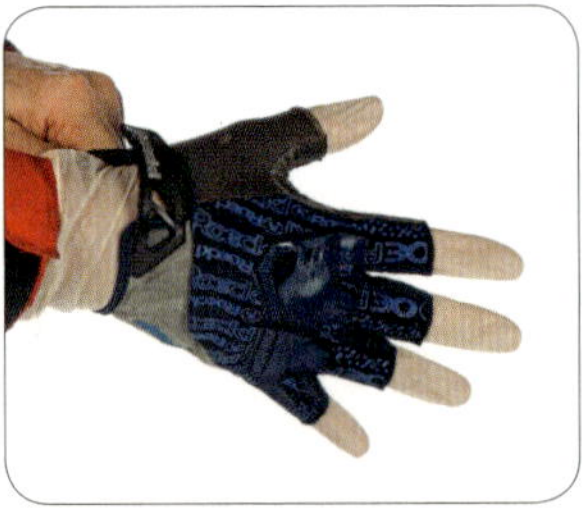

Hände wärmen
Wenn die Handschuhe durchnässt sind, können Sie die Einweghandschuhe aus dem Reparaturset als Nässe- und Kälteblocker innerhalb des eigentlichen Handschuhs benutzen. Hände vorher gut trocknen!

Nasse Schuhe, Socken, Füße
Bei nassen, durchgefrorenen Füßen hilft es, die wieder abgetrockneten Füße in Plastiktüten zu stecken. Ziehen Sie dann die nassen Socken und Schuhe darüber.

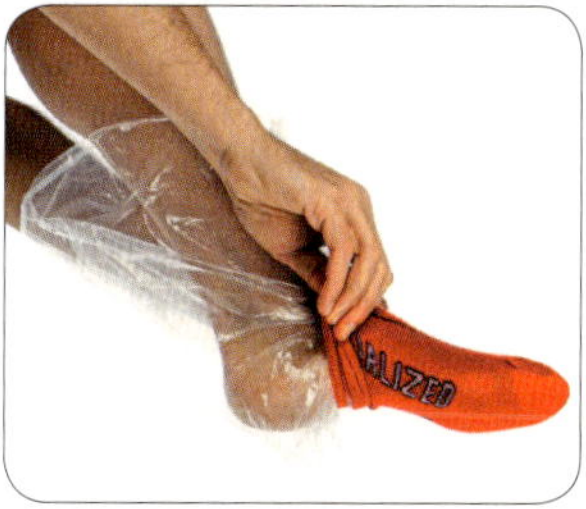

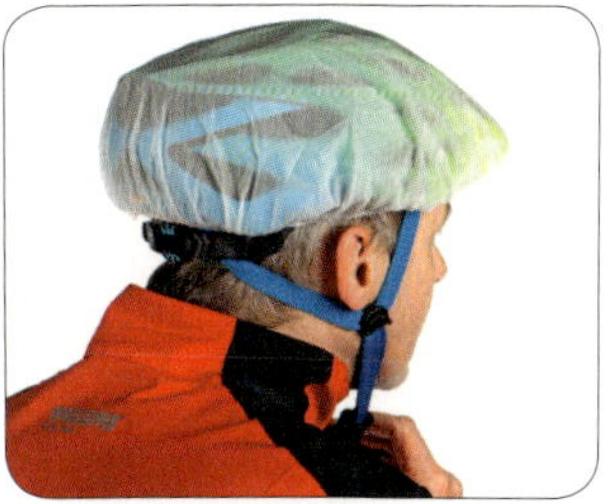

Helm dichten
Bei Dauerregen helfen Duschhauben, die man in vielen Hotels und Drogeriemärkten als Badezubehör erhält. Die dünnen Hauben passen über die meisten Helme und dichten hervorragend gegen Nässe und Fahrtwind.

Gewitter im Freien

Je zeitnaher Donner auf Blitz folgt, desto näher ist das Gewitter (Schallgeschwindigkeit = 333 Meter pro Sekunde). Spätestens unter 3 Sekunden Abstand runter vom Rad und einen geschützten Raum aufsuchen. Ist das nicht möglich, entfernen Sie sich mindestens 50 Meter von Ihrem Rad und hocken sich in eine Mulde oder Kuhle. Nicht stehen oder liegen und niemals unter Bäume stellen!

Folgende Bücher von Jochen Donner und Daniel Simon sind bislang im Delius Klasing Verlag erschienen:

Jochen Donner:
Bike-Reparatur & Wartung
Bike-Reparatur-Handbuch
Die Trekkingbike-Werkstatt
E-Bike Reparaturen unterwegs

Daniel Simon:
Bike Guide Zugspitzregion
Die schönsten E-Bike-Touren in den Alpen
Die schönsten Hüttentouren für Mountainbiker
Mountainbiken rund um Garmisch-Partenkirchen
Radreisen
E-Bike Reparaturen unterwegs

Bibliografische Information der Deutschen Nationalbibliothek
Die Deutsche Nationalbibliothek verzeichnet diese Publikation in der Deutschen Nationalbibliografie; detaillierte bibliografische Daten sind im Internet über http://dnb.dnb.de abrufbar.

Hinweis:
Das vorliegende Buch wurde sorgfältig erarbeitet. Dennoch erfolgen alle Angaben ohne Gewähr. Weder Autor noch Verlag können für eventuelle Nachteile oder Schäden, die aus den im Buch vorgestellten Informationen resultieren, eine Haftung übernehmen.

1. Auflage
ISBN 978-3-667-10452-6

Lektorat: Mathias Müller
Konzeption: Jochen Donner, Daniel Simon
Texte: Jochen Donner
Fotos: Daniel Simon
Umschlaggestaltung:
Felix Kempf, www.fx68.de
Layout: Daniel Simon
Lithografie:
Mohn Media Mohndruck, Gütersloh
Druck: Print Consult, München
Printed in Czech Republic 2016

Alle in diesem Buch enthaltenen Angaben und Daten wurden von den Autoren nach bestem Wissen erstellt und von ihnen sowie vom Verlag mit der gebotenen Sorgfalt überprüft. Gleichwohl können wir keinerlei Gewähr oder Haftung für die Richtigkeit, Vollständigkeit und Aktualität der bereitgestellten Informationen übernehmen.

Delius Klasing Verlag
Siekerwall 21
D - 33602 Bielefeld
Tel.: 0521/559-0
Fax: 0521/559-115
E-Mail: info@delius-klasing.de
www.delius-klasing.de